服裝畫 基礎

李惠菁

FASHION DRAWING

女模特兒基本人體

女裝服裝畫設計

男模特兒基本人體

男裝服裝畫設計

A

/ 1

身
體
比
例

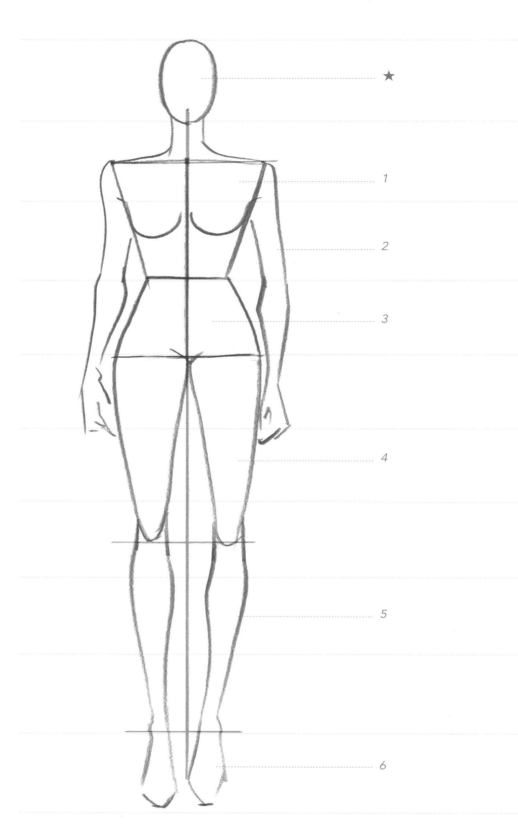

★

1

2

3

4

5

6

★ 頭長為基本單位

1. 上身為 2 個頭長

2. 上手臂與下手臂（不
含手掌）和上半身一樣長
（不含脖子）

3. 褲襠為 1 個頭長

4. 大腿為 2.5 個頭長

5. 小腿為 2.5 個頭長

6. 腳掌為 1 個頭長

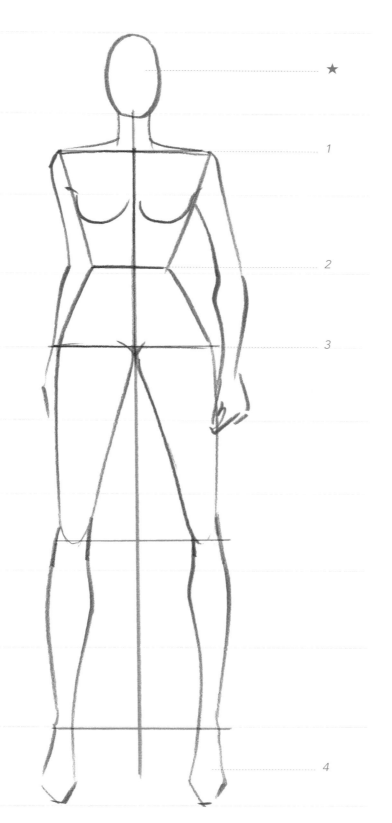

★

1

2

3

4

★ 頭寬為基本單位

1. 肩寬為 2.5 個頭寬（不含手臂寬）

2. 腰部為 1.5 個頭寬

3. 臀部為 2.5 個頭寬

4. 腳掌寬度為 0.5 個頭寬

A

/2

骨骼與肌肉線條

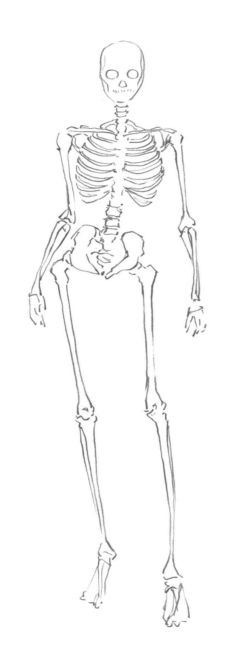

骨骼構架　　　　　　＞　　　　　　肌肉分佈

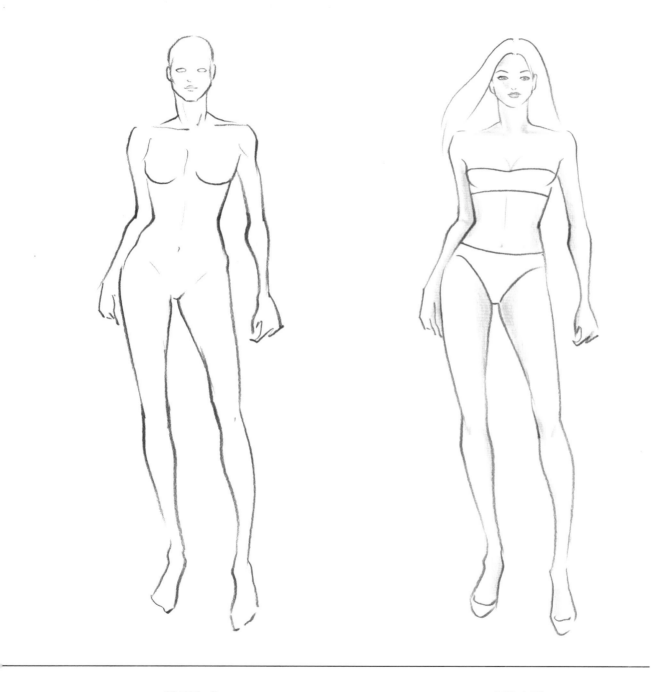

輪廓生成   >   完整人體

站姿變化

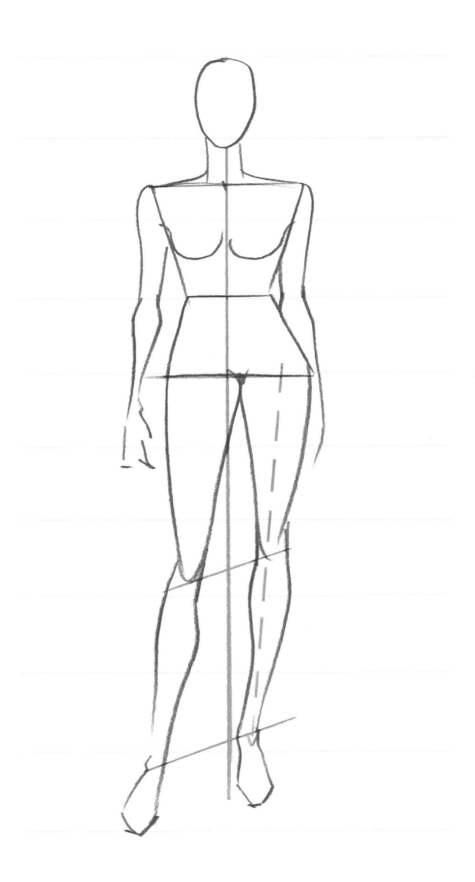

重心
在右

腰部平，重心在右側，腳站回頭的正下方，左邊的腿向前伸。

[站姿變化]

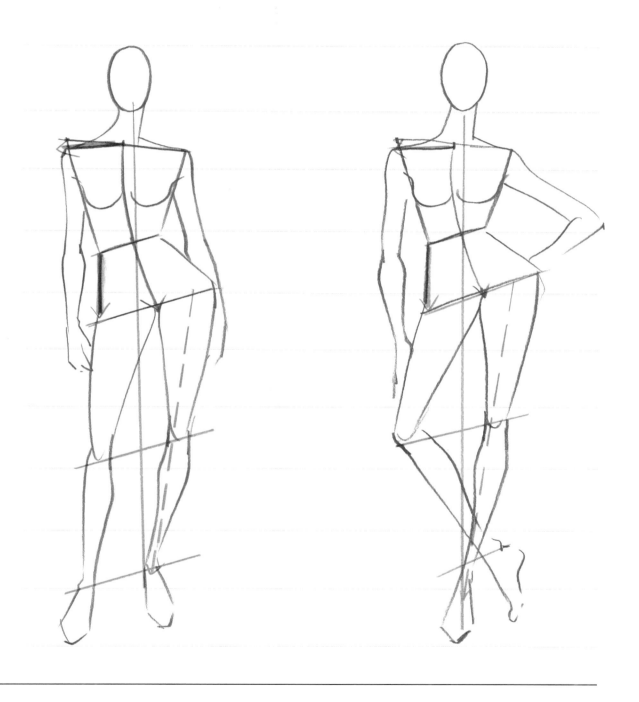

腰部斜，重心腳站回頭的正下方。
腰部以下的 4 條關節線平行。

鎖骨水平、骨盆左側垂直，
左邊的小腿交叉到右邊。

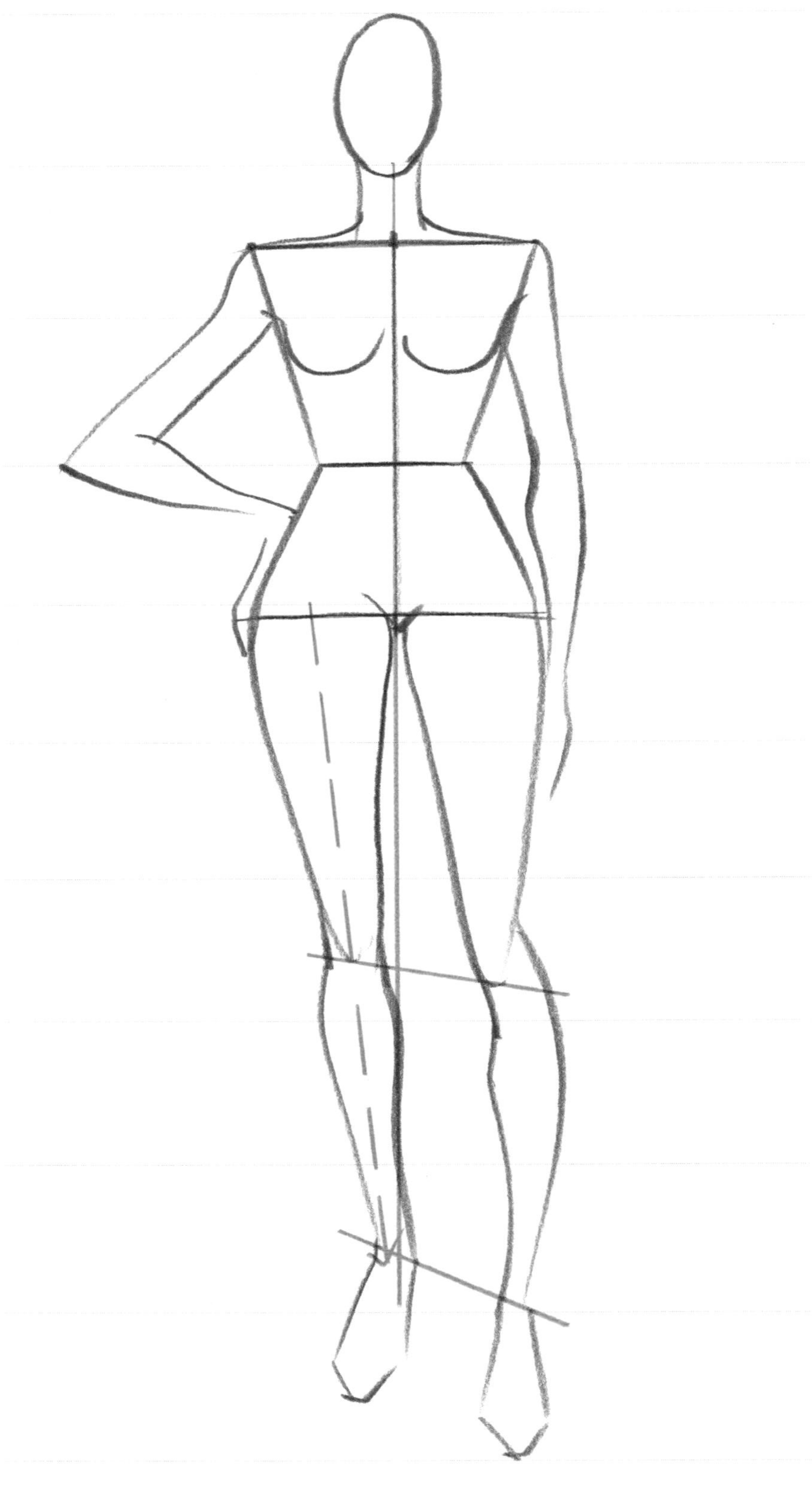

重心
在左

腰部平、骨盆平,左邊重心腳站回,右腿向前伸。

012

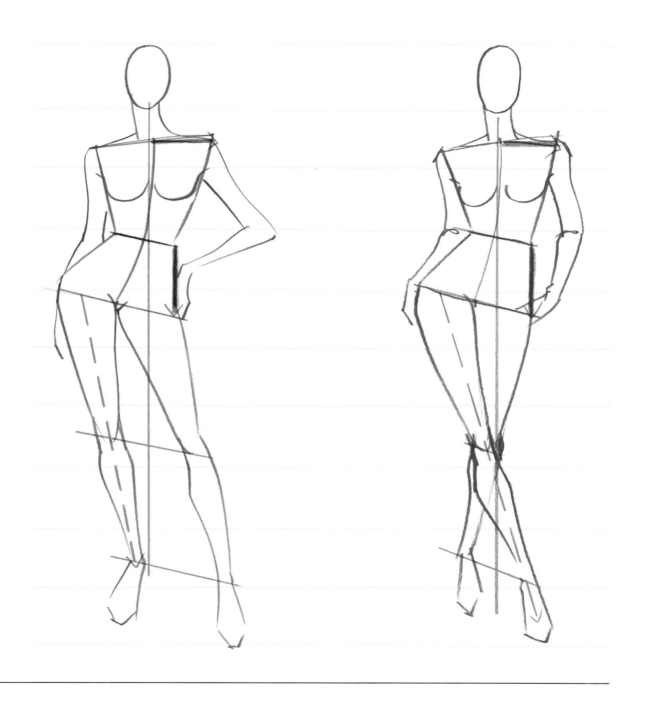

腰斜，重心腳站回，
腰部以下 4 條關節線平行。

鎖骨水平、骨盆垂直、雙腿交叉，
後面的腿看起來較短。

半側
人體

胸至小腹一直線，兩腿分別在重心兩側。

腰斜、收小腹。重心腳站回頭的正下方。 　　　腰平、收小腹。後腿重心腳,前腿膝彎。

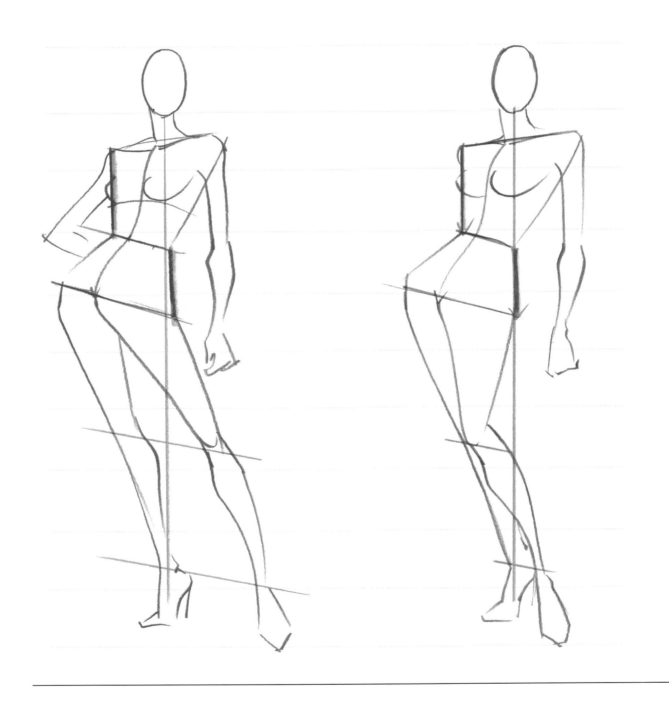

左上身、右骨盆垂直，左腿站回重心。　　　　　　　　雙腿併攏。

半側人體
重心在右

右側胸至小腹呈一直線，左腿向後踮。

B

/ 1

正
面
頭
部
及
五
官
比
例

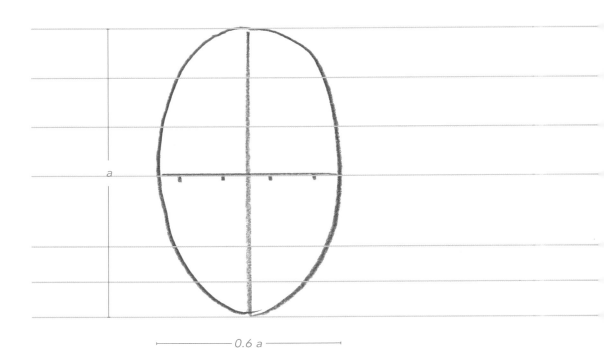

[頭部比例 — 正面]

1. 正面頭部的長度與寬度比例為 5:3。

2. 頭長的 1/2 處為眼睛的位置。

3. 雙眼之間的間距為 1 隻眼睛的寬度；眼睛到臉龐的距離為 1/2 隻眼睛的寬度。
   因此整張臉的寬度為 4 隻眼睛的寬度。

4. 從眼睛往頭頂分成三分，上方 1/3 是髮際線，下方 2/3 的面積是額頭。

5. 從眼睛往下至下巴分一半，中間處是鼻子的位置，再分一半則是嘴唇下線的
   位置。

[頭部正面完稿]

★先畫五官再畫輪廓

6. 嘴唇有厚、有薄，但寬度要比眼睛寬度多一些。

7. 耳朵的位置大約和眼睛一樣高。

[眼球與瞳孔畫法]

 ★ 正常情緒下，眼珠、眼白各一半的比例較好；眼珠會被眼瞼遮掉至少 1/3 的面積。

瞳孔自然

瞳孔放鬆，看起來柔和迷人。

瞳孔過小

光線太強，瞳孔避光縮小。

眼珠瞪大

表情驚恐或亢奮。

眼珠自然

眼珠上方略被眼瞼遮住。

眼珠過小

看起來無神。

眼珠過大

看不到眼神。

眼珠上色

從瞳孔中間畫放射狀線條。

不要只畫幾個反光的圈。

不能讓瞳孔留白，眼部生病的人才會變白。

★ 眼球方向正常

兩邊眼球方向相同，眼球的六條肌肉平衡移動。

斜視

兩邊眼球沒有對在同樣位置。

內斜視，又稱鬥雞眼

兩邊眼球都朝中間靠攏。

[眉毛畫法]

★ 從鼻翼經過眼角到眉尾,能連成一道直線,就是最適合眼睛寬度的眉長。

★ 美容美妝的觀點來說,眉頭要與眼頭對齊。

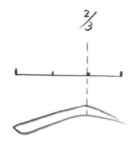

○ 眉峰約在眉長的 2/3 處。

×

×

[鼻子畫法]

× 鼻子過尖

× 鼻子太塌

○ 一長一短兩筆劃,形狀約為正三角形,長的筆劃代表鼻頭的高挺,短的筆劃則是兩個鼻孔對稱。

[嘴唇畫法]

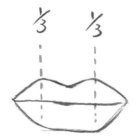

★ 唇型約略像六角型,左、右兩邊的 1/3 處為唇峰。有無唇珠皆可。

B

/2

正
面
髮
型
變
化

上髮色時盡量減少線條，看起來才像梳過的整齊頭髮。

上
色
重
點

順著髮流上色，靠近臉部髮色最深，越往外圈越淡。

因頭部是圓型，帽子黑色織帶要畫出弧度。

髮型有弧度時，上色要跟著
髮流有彎度。

有捲度時，上色跟著輪廓線
一樣捲。

微動感的髮線，上色時也要
跟著微彎。

跟著髮流方向上色，由內往
外漸淡。

B

/3

側面頭部及五官比例

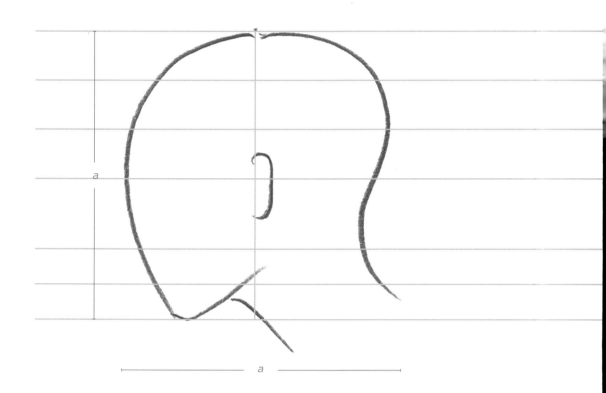

[頭部比例 — 側面]

1. 側面頭部的長度與寬度比例約為 1:1。

2. 側面五官的比例及位置與正面相同。

3. 耳朵的位置大約在整個頭部的正中央。

[頭部側面完稿]

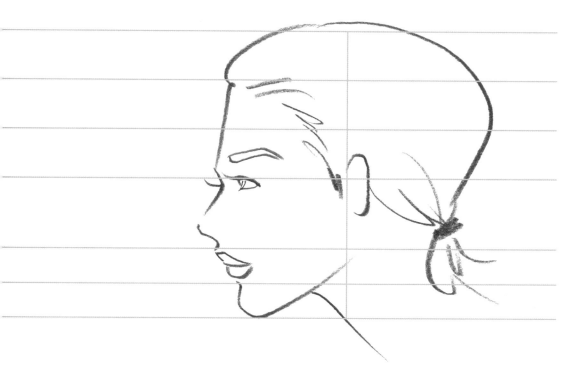

★先畫輪廓再畫眼眉

4. **側面的眼睛只有正面的一半。**

[眼睛畫法]

★ 側面眼睛長度剩一半，勾
　出長睫毛看起來更性感。
　眼珠仍被眼瞼遮去 1/3 的
　面積。

★ 側面眼睛的位置正好在山
　根中間。

[耳朵畫法]

★ 側面耳朵前方一定有鬢髮，
　鬢髮長度約至耳朵一半處。

[鼻子畫法]

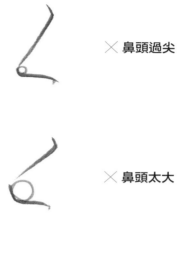

✕ 鼻頭過尖

✕ 鼻頭太大

○ 適中的鼻頭

[嘴唇畫法]

★ 側面唇峰剩一半，下唇往
　內微縮。

B

/ 4

側面髮型變化

瀏海和後腦勺處要畫出弧度和頭髮的厚度。有打層次的髮尾顏色較深。

上色重點

順著髮流上色，靠近臉部髮色最深，越往外圈越淡。

髮尾因層次或羽毛剪造成的
線條感明顯。

往後梳的髮型注意髮際線不
能太整齊才會顯得自然。

被髮夾夾住的位置顏色會比較深。

頭頂髮束束緊的地方凹陷，
前後較澎。

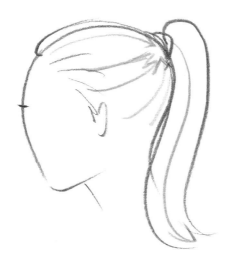

綁馬尾處必定會貼著頭皮。
馬尾帶點弧度，髮質看起來
會比較柔順。

女模特兒基本人體

女裝服裝畫設計

3

男模特兒基本人體

4

男裝服裝畫設計

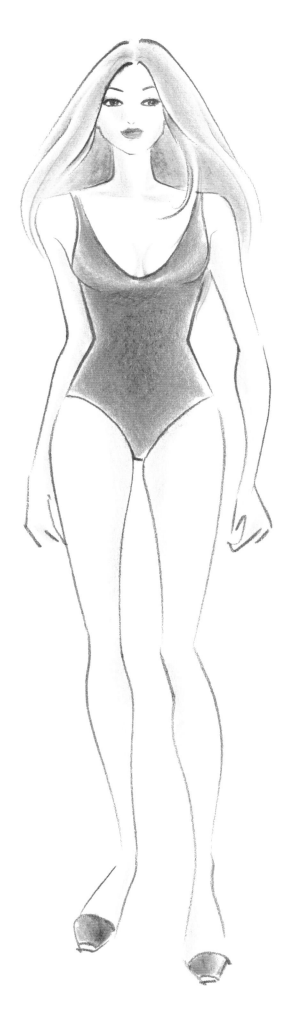

[泳裝 -1]

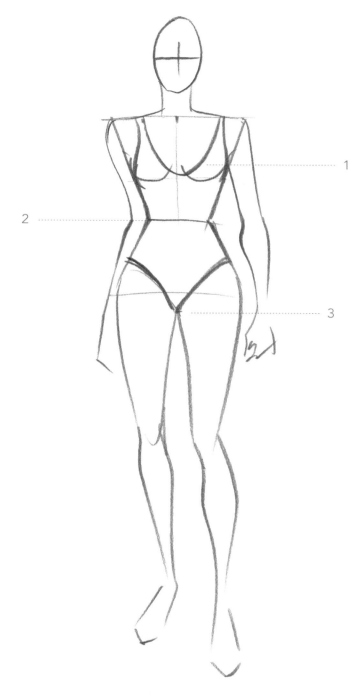

TIPS

1. 胸部高、顏色漸層至高點留白。

2. 衣服上色要平整、濃郁,質感才會好。

3. 腿部內側膚色深,漸層至外側。

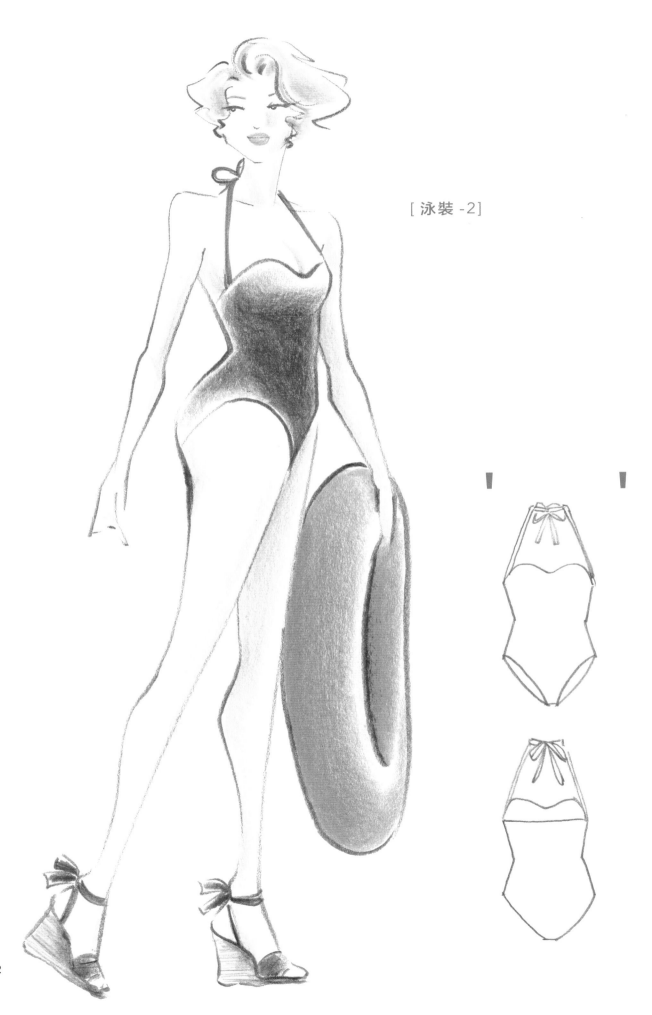

[泳裝 -2]

TIPS

1. 腿部內側膚色較深。

2. 泳圈由內向外漸層變亮。

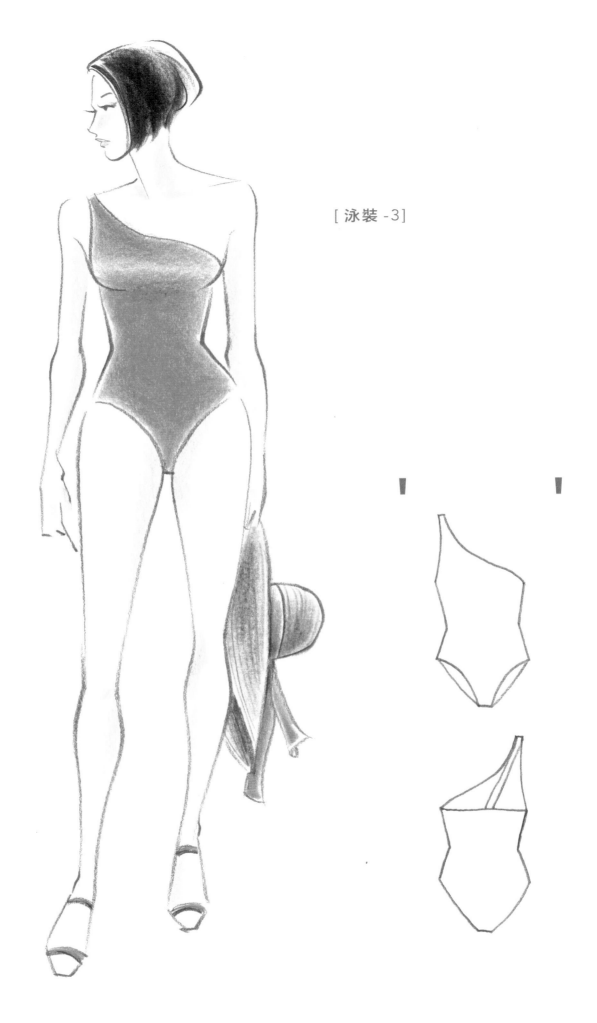

[泳裝 -3]

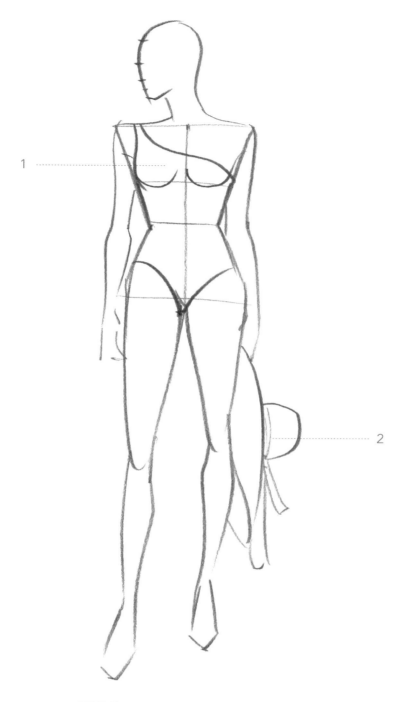

1 ----------

2 ----------

TIPS

1. 單肩不對稱剪裁，胸部高點留白。

2. 帽子下側顏色深，順著帽簷畫出織紋。

[泳裝 -4]

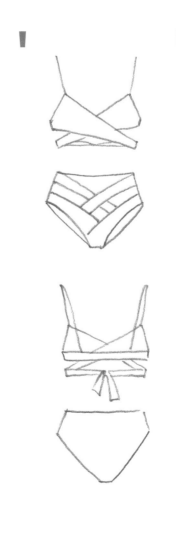

TIPS

1. 交叉點必須在身體中心線上。交叉部份，
   被蓋住的顏色較深。

2. 腳背有厚度，鞋帶要畫出弧度。

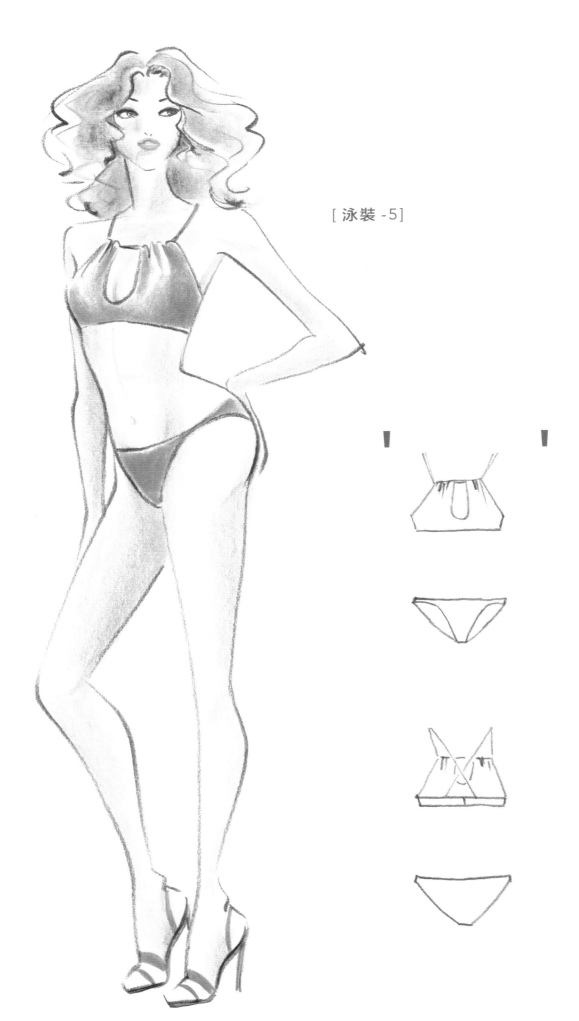

[泳裝 -5]

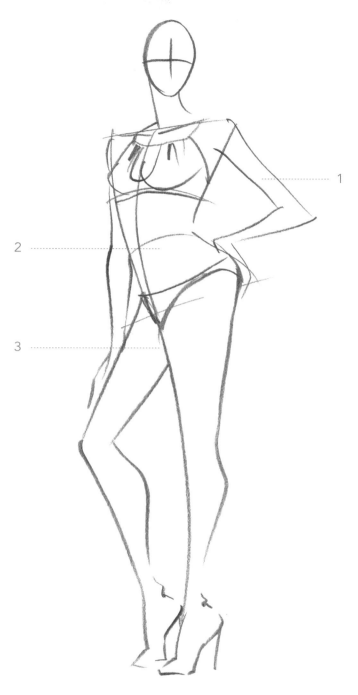

TIPS

1. 手臂膚色上在低處。

2. 腹部肌肉線條跟肚臍眼只用膚色畫會較乾淨。

3. 站在後側的腿膚色較深。

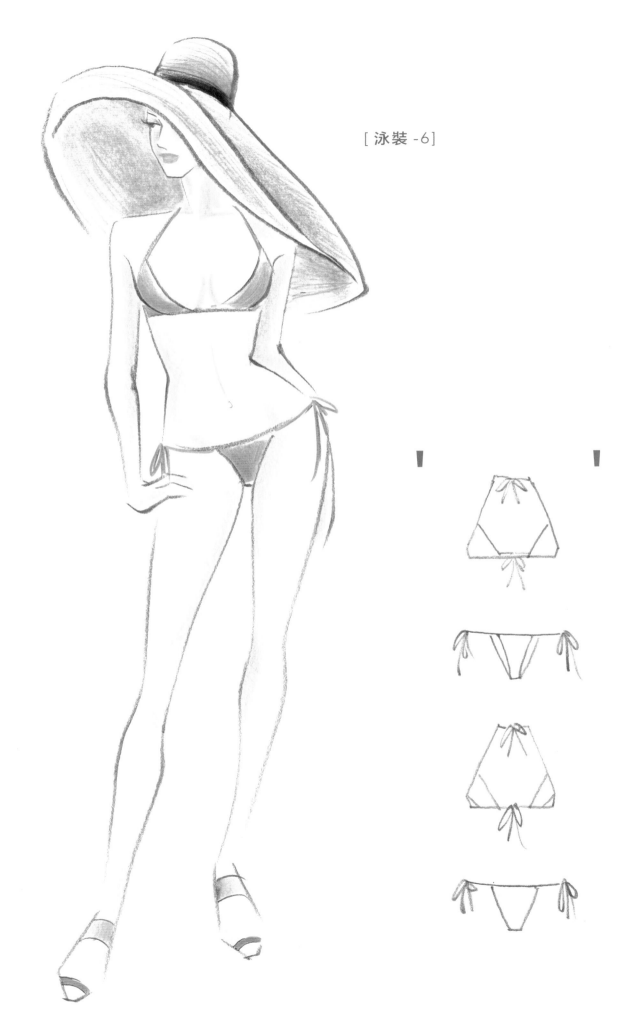

[泳裝 -6]

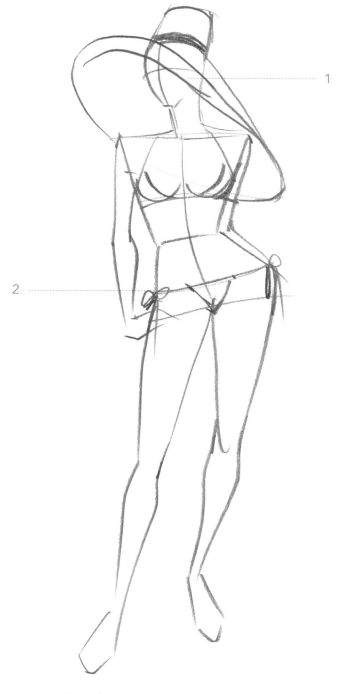

TIPS

1. 帽子接縫處畫圓弧，順著帽簷畫出編織紋路。

2. 低腰褲頭向下微凹。

[裙裝 -1]

TIPS

1. 關節處因動作造成衣服上有明顯皺褶。

2. 大腿處微微相疊，在上面的較亮。

[裙裝 -2]

TIPS

1. 立領蝴蝶結造成高低層次。

2. 因動作造成衣服上有明顯皺褶。

3. 後片裙片顏色較深。

[裙裝 -3]

1

2

3

TIPS

1. 襯衫領立起，要注意細節上色。

2. 因衣襬綁結造成明顯皺褶。

3. 細褶裙裙襬大，皺褶高低落差大。

[裙裝 -4]

TIPS

1. 手臂抬起，肩頭關節跟身體重疊。

2. 百褶裙的褶深跟方向一致。

3. 因姿勢關係，腿高的地方顏色較淡。

[裙裝 -5]

TIPS

1. 頭可以歪，但五官千萬不能歪。

2. 由上往下的荷葉層次，因裙襬前短後長，
   裡面的褶子顏色更深。

[褲裝 -1]

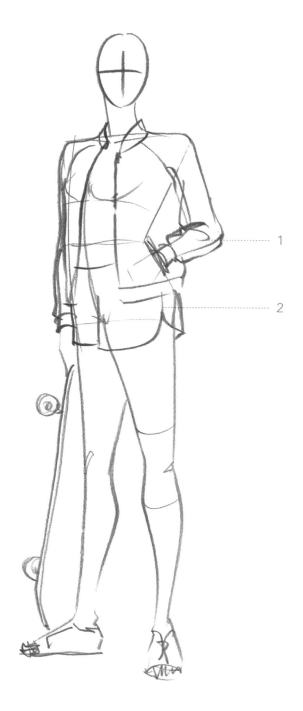

1

2

TIPS

1. 手肘關節彎曲造成明顯皺褶。

2. 人體轉半側，褲子的脇邊線也看得到。

[褲裝 -2]

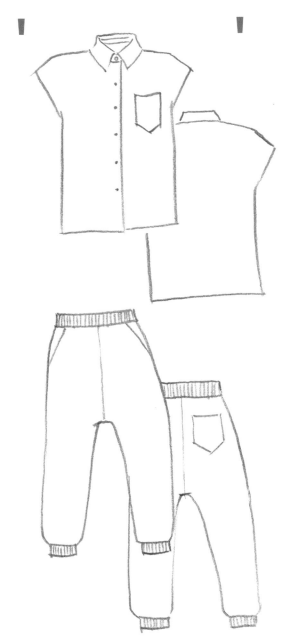

1

2

TIPS

1. 挑染的髮色不要重疊。

2. 褲頭跟褲腳的羅紋布要整齊畫出紋路。

[褲裝 -3]

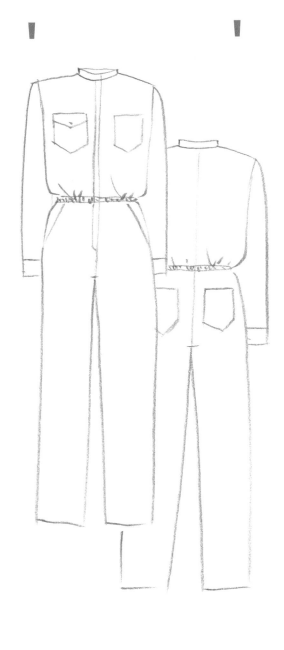

TIPS

1. 手肘關節彎曲造成衣服上明顯褶深。

2. 褲頭的鬆緊帶造成很多細褶。

3. 反褶褲腳有不規則的皺褶亮度。

[褲裝 -4]

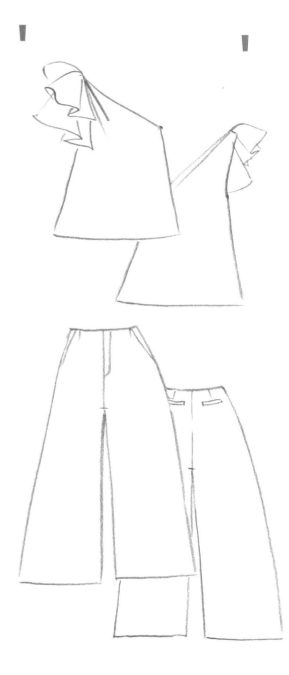

TIPS

1. 單肩荷葉層次明顯。

2. 站向前方的腿部較明亮。

3. 因姿勢關係，寬褲管鬆份斜向左邊。

[褲裝 -5]

TIPS

1. 頭部是圓型，所以帽型皺褶也呈現圓弧。

2. 後腿膝彎曲，所以膝蓋明顯也形成放射皺褶。

3. 脇邊貼布設計，隨著姿勢微微有點曲線。

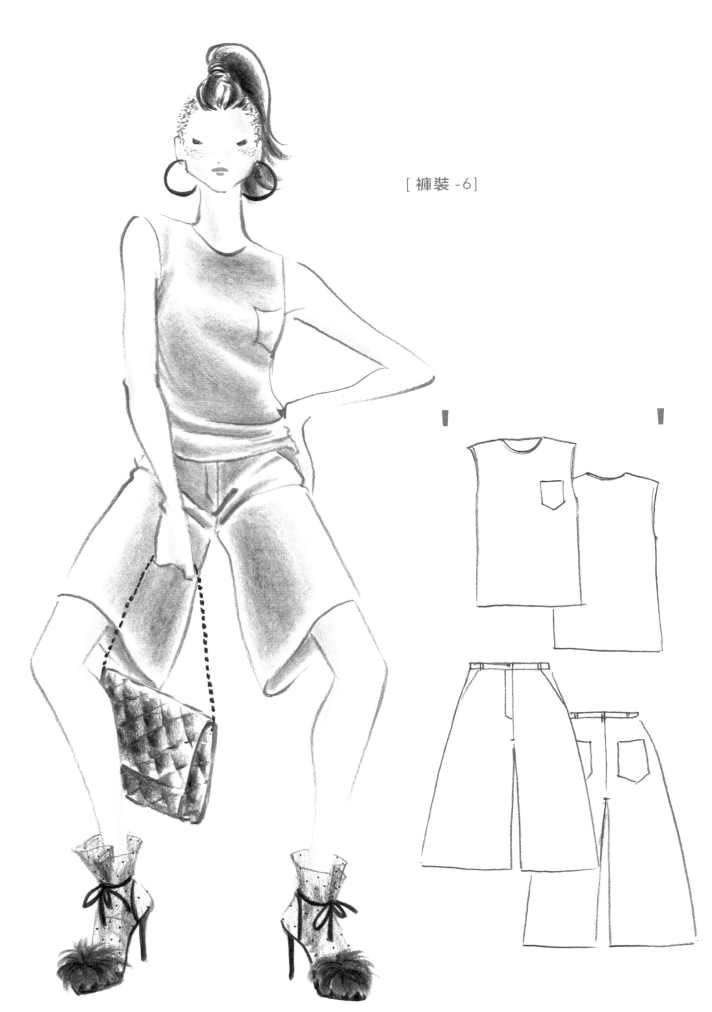

[褲裝 -6]

TIPS

1. 微蹲動作造成兩側關節處都有皺褶。

2. 寬褲管鬆份垂墜在下方。

3. 菱格紋皮包，車縫線是凹陷處所以顏色深。

4. 鞋頭羽毛裝飾要有放射狀弧度看起來才柔軟。

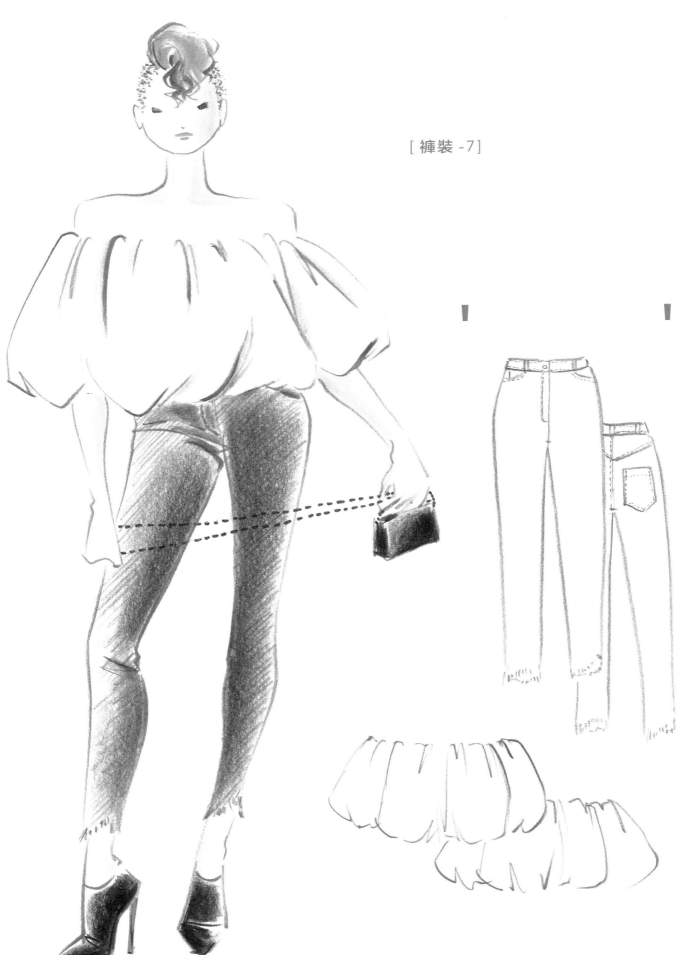

[褲裝 -7]

TIPS

1. 白色衣服的皺褶陰影是灰色，但不能上太多。過多的灰會變成灰色的衣服或髒掉的衣服。

2. 牛仔褲大都有鮮豔的車縫線凸顯剪接處。

3. 傳統牛仔布有 45 度斜織紋路。

4. 褲腳不規則抽鬚。

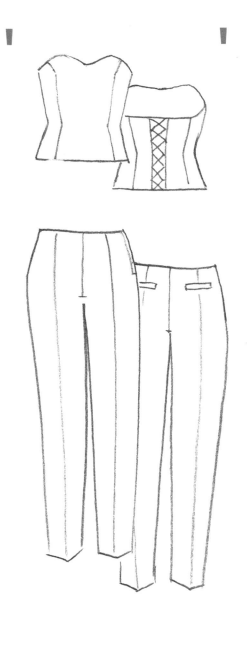

TIPS

1. 頭部微偏，垂吊式耳環重心也會微偏。

2. 燙中心線的長褲，中間燙線明顯較高。

3. 膝蓋彎曲造成皺褶，燙線也跟著彎曲。

[行進動態 1]

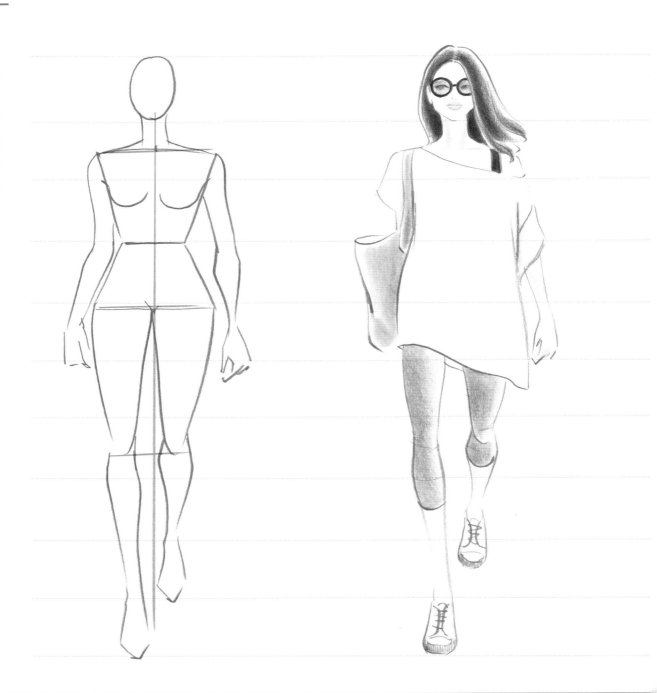

腰平、腿部不靠攏。走路放鬆。

腰平、腿部微靠攏。行進端莊。

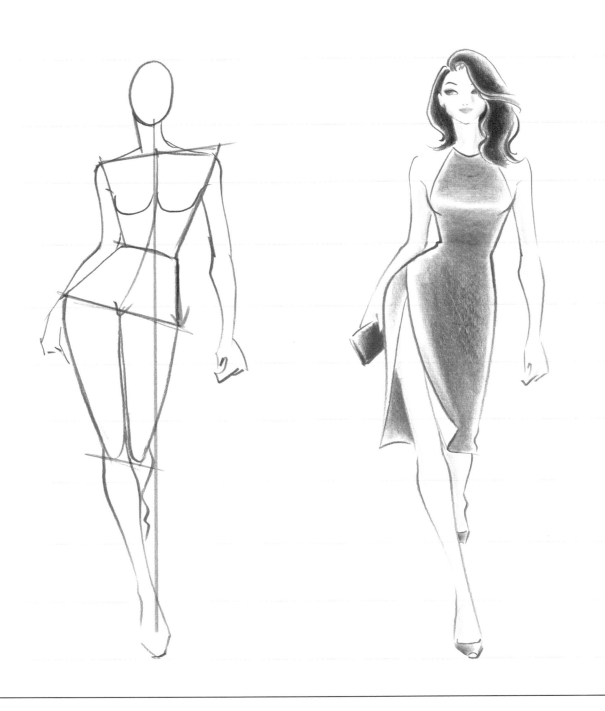

腰斜、臀部擺動角度大。展現女人味儀態。

腰斜、向前跨步角度大。讓裙襬有律動感。

[洋裝 -1]

TIPS

1. 腰部勾纏的立體剪裁設計，造成皺褶線條明顯，凹凸對比清楚。

2. 腿部向前部份較亮。

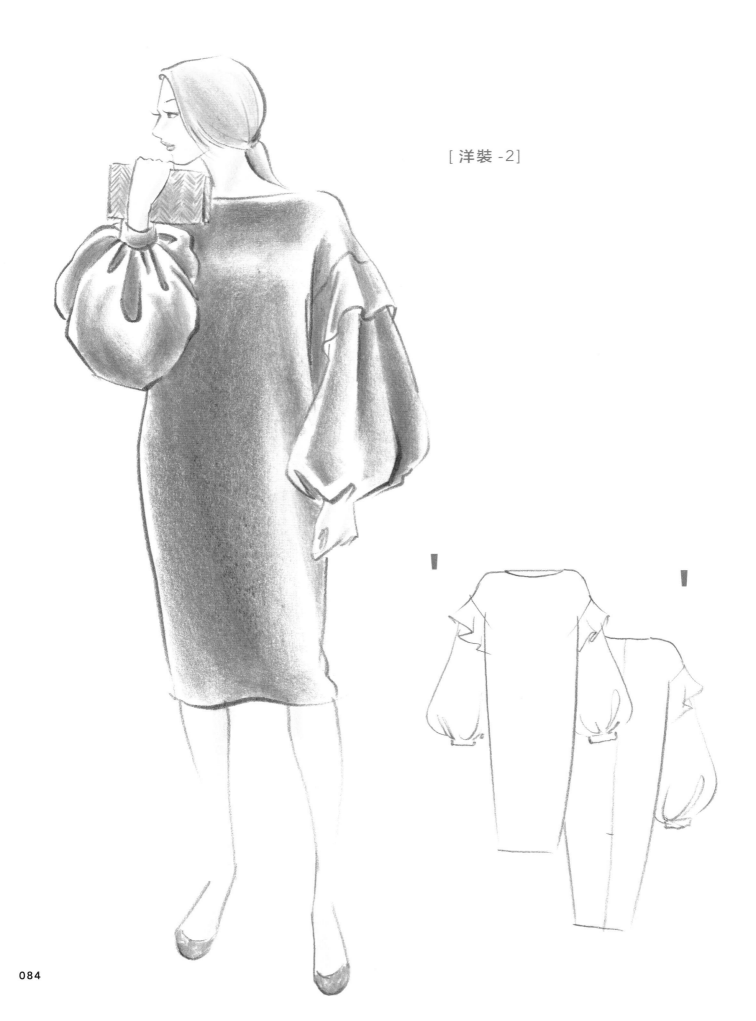

[洋装 -2]

TIPS

1. 兩層袖型,上層荷葉、下層大燈籠袖,褶深明顯對比。

2. 衣服寬鬆,腋下皺褶凹陷明顯。

3. 腿部向前較明亮。

[洋裝 -3]

TIPS

1. 外套立領微翻。

2. 洋裝下身剪接細百褶，所以褶線會跟著動
   態動作擺動。

3. 裙襬因細百褶呈現鋸齒狀。

[洋裝 -4]

1

2

3

TIPS

1. 荷葉袖型，注意高低裡外的落差。

2. 兩手拉著裙襬造成橫向皺褶明顯。

3. 寬筒長靴皺褶亮度明顯對比。

[洋裝 -5]

TIPS

1. 高腰娃娃小禮服，向前走的腿部造成高度較亮，
   另一邊相對暗很多。

2. 手鍊包因走路有擺動感。

3. 網襪線條從低處往高處畫，必須畫出弧度腿才
   有立體感。間隔平均，反方向再畫一次。

[洋裝 -6]

TIPS

1. 兩手臂舉起，肩關節與身體重疊。

2. 魚尾剪裁，兩層長短不一致的荷葉裙。短
   荷葉轉彎大小不一致比較自然。

3. 荷葉魚尾裙前短後長，注意裙襬內外顏色
   與皺褶高低差。

[洋裝 -7]

TIPS

1. 透明布料因織品薄才會透明,所以顏色也淺。
   搭配不透明的布料時,明顯顏色厚度不同。

2. 圓點圖案平均分佈就好,但是底布是透明布,
   所以皺褶重疊時,圓點數量也增加。

3. 因為透明所以看得到後面裙襬,有皺褶重疊
   時,顏色濃度也加倍。

[洋裝 -8]

TIPS

1. 蛋糕裙洋裝，每加一層布量就再增加，所以皺
   褶量也逐層增加。

2. 剪接搭配不同大小的圓點圖案，畫小圓點時分
   佈平均就好，不需刻意排列。

3. 圖案稍大，因為皺褶關係不會每個圖案都完整。

4. 圖案變大圓，因皺褶量大，很難有完整的圓。

[洋裝 -9]

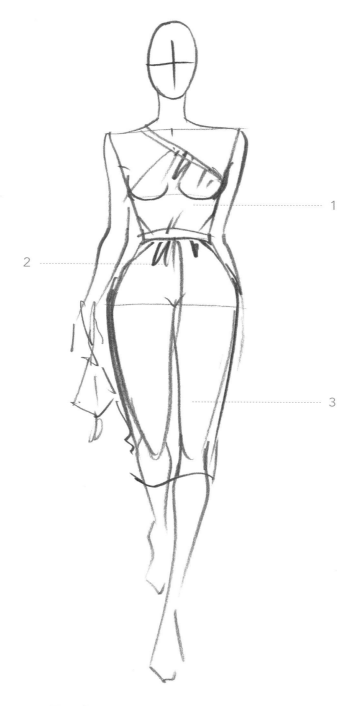

TIPS

1. 密度高且細的橫條紋印花，條紋對著紙的
   水平線畫正。

2. 遇到剪接線或皺褶處線條會斷開。

3. 皺褶高的地方，條紋可留白增加對比感。

[洋裝 -10]

TIPS

1. 寬版條紋線條需要依照衣服皺褶或身體曲
   線改變弧度。

2. 裙襬因剪接關係造成條紋方向的變化。

［洋裝 -11］

TIPS

1. 密度高的小格紋，直／橫線對著紙張垂直／水平畫正即可；遇到剪接線跟皺褶時，線條不延續。

2. 皺褶高處留白增加對比。

3. 大格紋的直與橫線要跟著皺褶或身體曲線改變弧度。

3

男模特兒基本人體

4

男裝服裝畫設計

A

/ 1

身
體
比
例

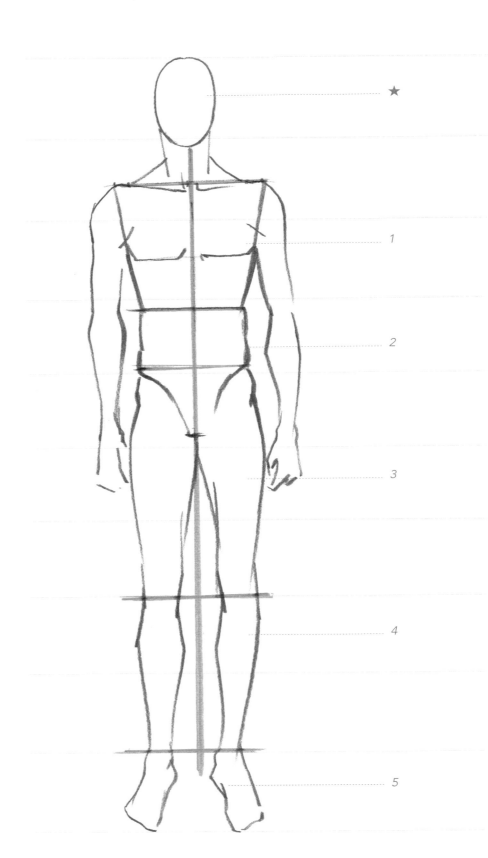

★

1

2

3

4

5

★ 頭長為基本單位

1. 上身為 2.1 個頭長

2. 褲襠為 1 個頭長

3. 大腿為 2.5 個頭長

4. 小腿為 2 個頭長

5. 腳掌為 1 個頭長

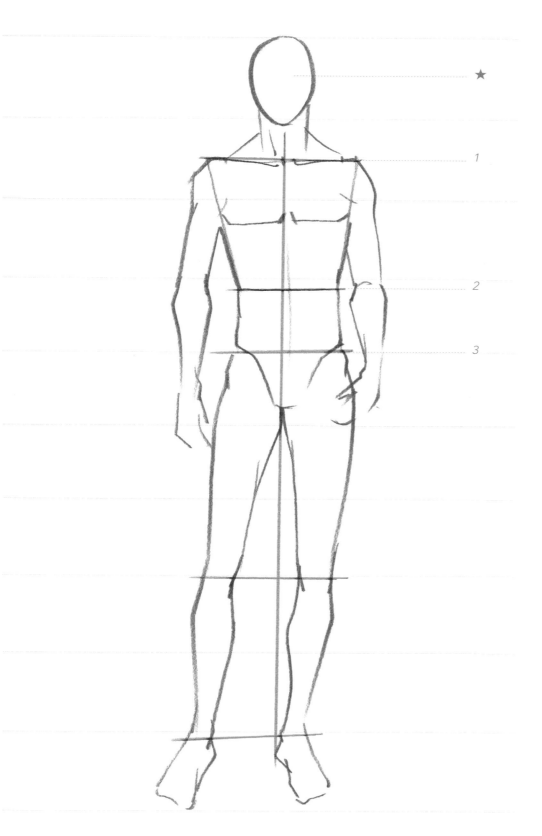

★ 頭寬為基本單位

1. 肩寬為 2.5 個頭寬

2. 腰部為 1.5~2 個頭寬

3. 臀部為 1.5~2 個頭寬

骨骼與肌肉線條

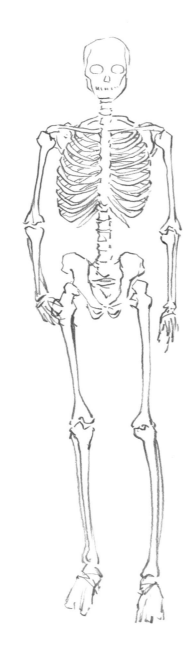

骨骼構架　　　　　　　>　　　　　　　肌肉分佈

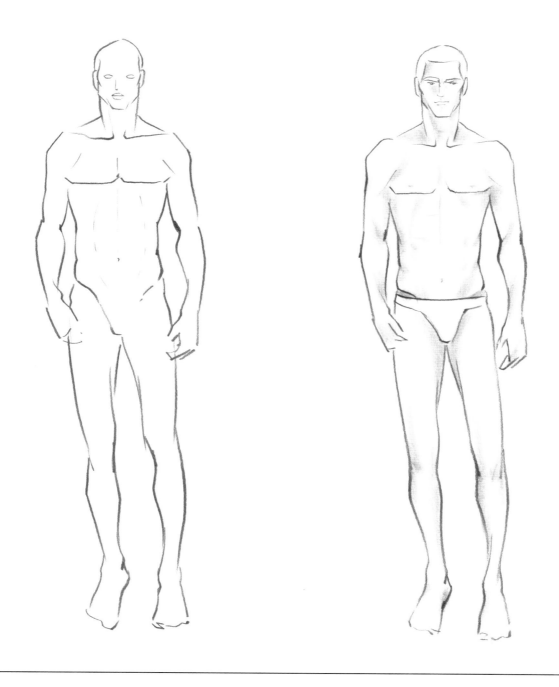

輪廓生成   >   完整人體

站姿變化

[重心在右]　　　　　　　　　　　[重心在左]

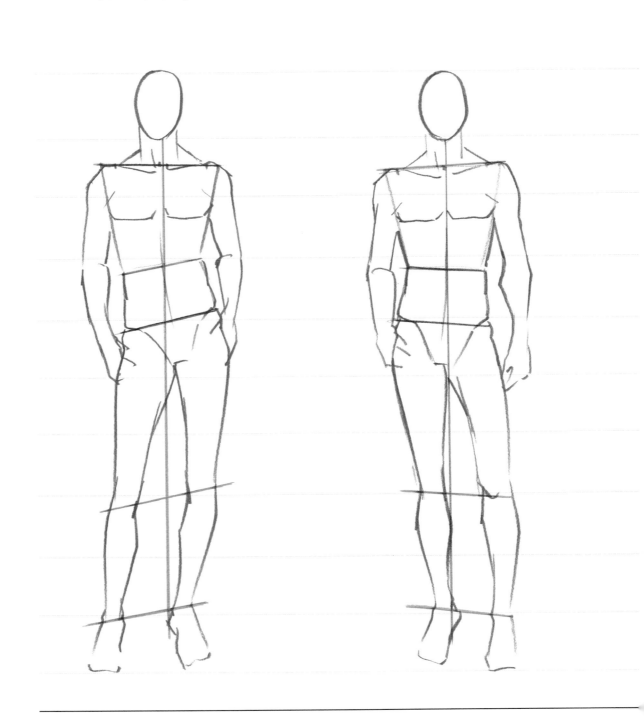

腰、骨盆斜，重心腳右側。　　　　　　腰、骨盆斜，重心腳左側。

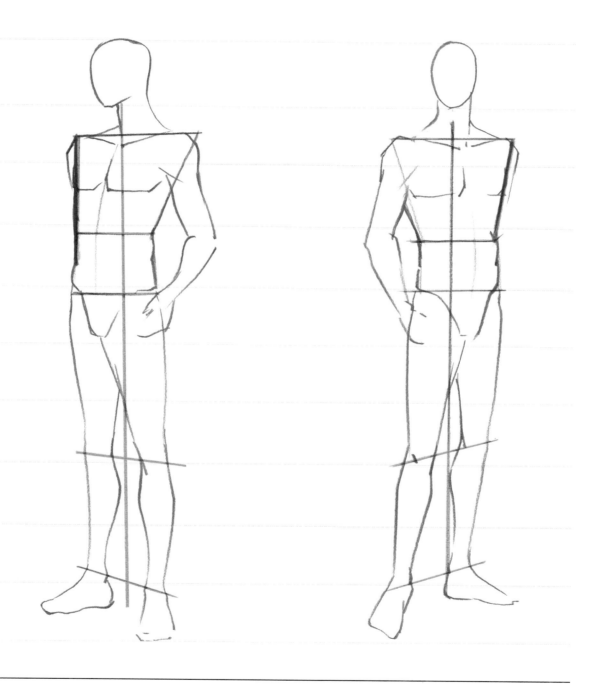

胸至小腹一直線、兩腿張開。　　　　　　　胸向內，右側為重心腳。

B

/ 1

正
面
頭
部
及
五
官
比
例

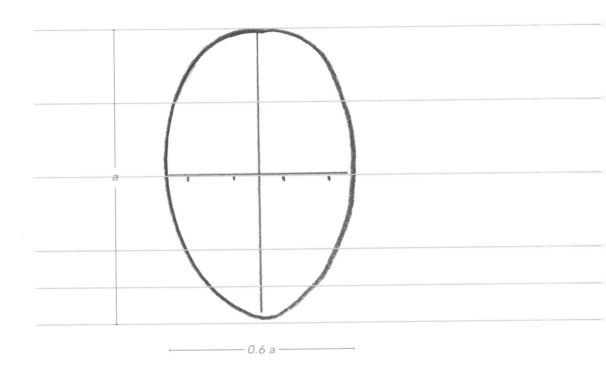

[頭部比例－正面]

1. **正面頭部的長度與寬度比例為 5:3。**

2. **頭長的 1/2 處為眼睛的位置。**

3. **雙眼之間的間距為 1 隻眼睛的寬度；眼睛到臉龐的距離為 1/2 隻眼睛的寬度。因此整張臉的寬度為 4 隻眼睛的寬度。**

4. **從眼睛往頭頂分成兩分，上方 1/2 是髮際線，下方 1/2 的面積是額頭。**

5. **從眼睛往下至下巴分一半，中間處是鼻子的位置，再分一半則是嘴唇下線的位置。**

[頭部正面完稿]

★先畫五官再畫輪廓

6. 嘴唇有厚、有薄,但寬度要比眼睛寬度多一些。

7. 顴骨、顎骨明顯,耳朵的位置大約和眉毛一樣高。

[眼球與瞳孔畫法]

眼神焦距一致。

眼珠、眼白各佔一半。
眼珠被眼瞼遮蔽一半。

上眼線不要太厚。

眼珠上色。從瞳孔中間畫
放射狀線條。

[眉毛畫法]

雙眉中容易形成皺眉肌。

[鼻子畫法]

鼻樑骨粗大明顯。

鼻頭向下，鼻翼較寬。

男性眉毛較粗大，眉頭超過眼頭。

[輪廓重點]

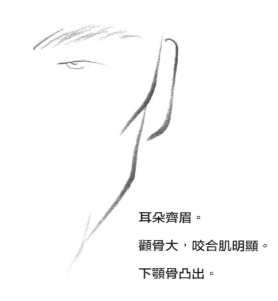

耳朵齊眉。

顴骨大，咬合肌明顯。

下顎骨凸出。

B

/2

正
面
髮
型
變
化

順著髮流上色，顏色濃代表
髮量多。

重 上
點 色

順
著
髮
流
上
色
，
靠
近
臉
部
髮
色
最
深
，
越
往
外
圈
越
淡
。

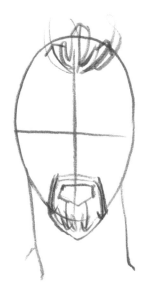

鬍鬚濃密，遮蔽下巴輪廓。

髮型有彎度，上色就要跟著
有弧度。

鏡框遮蔽眉毛。

B

/ 3

側
面
頭
部
及
五
官
比
例

[頭部比例 — 側面]

1. 側面頭部的長度與寬度比例約為 1:1。

2. 側面五官的比例及位置與正面相同。

3. 耳朵的位置大約在整個頭部的正中央。

★先畫輪廓再畫眼眉

4. 輪廓線條凹凸明顯，有喉結。

[眼睛畫法]

眉頭超過眼頭。

眼睛只有一半。

[鼻子畫法]

鼻樑粗大、鼻翼寬。

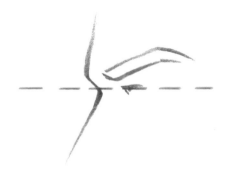

眉骨凸出、山根齊眼。

[下巴畫法]

下巴大。

下顎骨凸出、有喉結，
脖子後頸粗。

直髮：髮根有毛囊較粗大、髮梢細。

捲髮：呈現曲線、彎度。

B

/ 4

側面髮型變化

髮型有波浪捲度,上色要跟著髮流。

上色重點

順著髮流上色,靠近臉部髮色最深,越往外圈越淡。

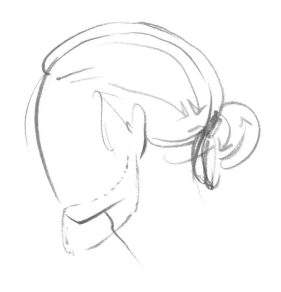

鬍鬚濃密遮蔽下巴輪廓。綁
髮髻的髮型，上面較亮、下
面較暗。

側邊剃頭會留下髮根。

頭部是圓型，織帶部份要有
弧度，前方顏色較淡。

3

男模特兒基本人體

A 畫出完美人型
身體比例
骨骼與肌肉線條
站姿變化

B 掌握頭部細節
正面頭部及五官比例
正面髮型變化
側面頭部及五官比例
側面髮型變化

4

男裝服裝畫設計

5 款男裝
<column> 行進動態

[男裝 -1]

TIPS

1. 胸肌明顯厚實，顏色較亮。

2. 手插口袋，凸出處較亮。

3. 襪子羅紋用色鉛畫較乾淨。

[男裝 -2]

1

2

3

TIPS

1. 袖子反摺向上臂推，形成皺褶。

2. 手插口袋，凸出處較亮。

3. 穿靴鞋看起來腳更大。

[男裝 -3]

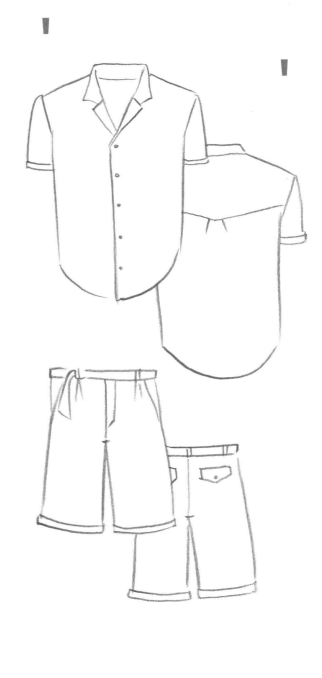

TIPS

1. 胸肌厚所以有亮度。

2. 袖口反摺。

3. 褲腳反摺。

男模特兒行進動態

[行進動態 1]

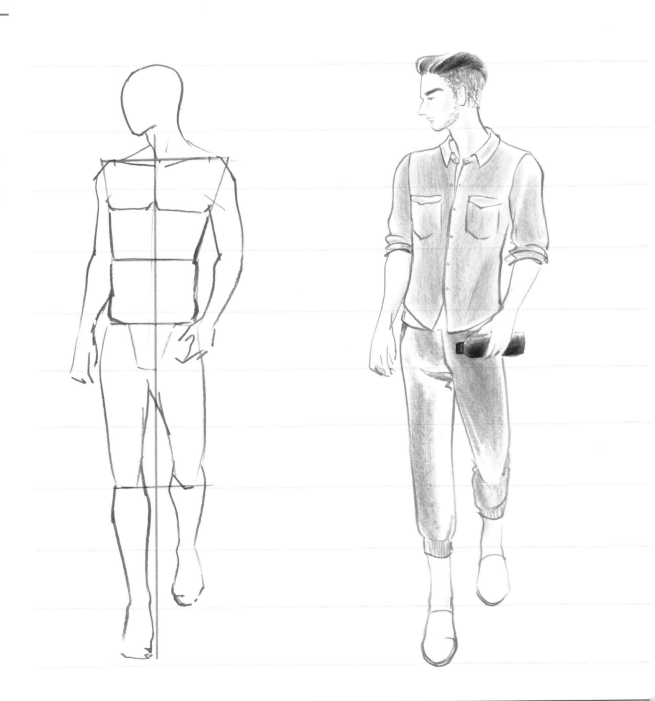

肩、腰、臀平,兩腿開。

[行進動態 2]

肩與腰、臀斜反方向，行進隨興。

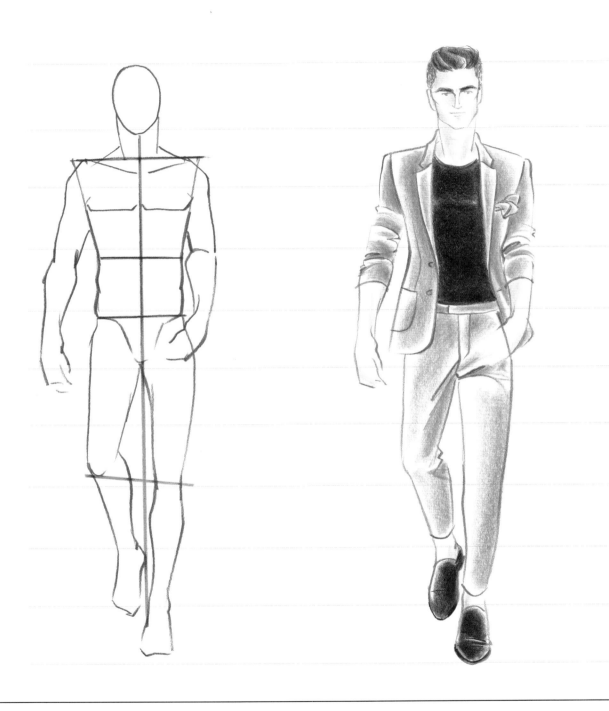

肩、腰、臀平,膝蓋向外。

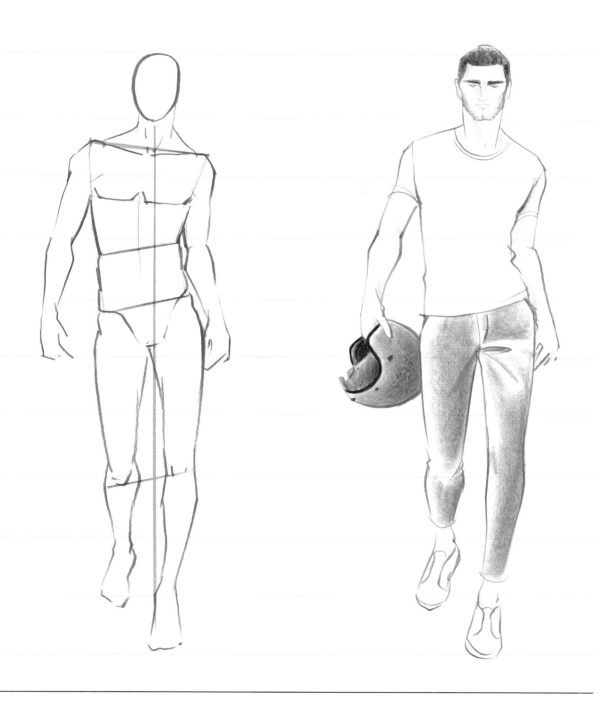

肩與腰、臀斜反方向，行走晃動大。

[男裝 -4]

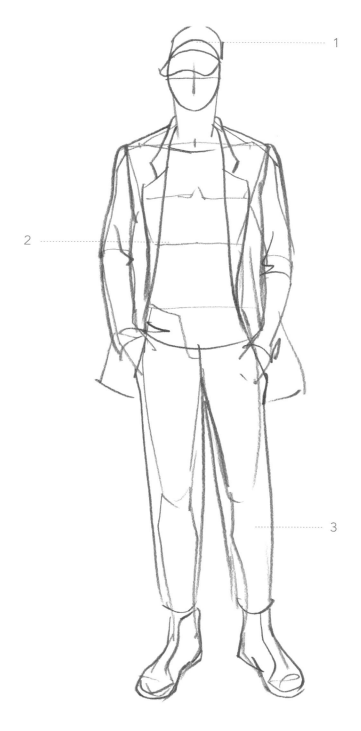

TIPS

1. 棒球帽中間亮一點。

2. 白色衣服上少量灰色陰影。

3. 腿向前站較亮。

1

2

3

4

TIPS

1. 領帶頭的皺褶有凹凸，凸點留白較立體。

2. 手臂彎曲造成衣服有皺褶。

3. 手插口袋，衣襬被影響造成皺褶。

4. 行進間，膝蓋後方造成皺褶；正面因燙中心線所以比較亮。

服裝畫 基礎

作者	李惠菁
美術設計	王韻鈴
特約編輯	王韻鈴
社長	張淑貞
總編輯	許貝羚
行銷	曾于珊

國家圖書館出版品預行編目(CIP)資料

服裝畫 基礎 ／李惠菁. -- 初版. --臺北市：麥浩斯出版：
家庭傳媒城邦分公司發行. 2020.02　冊；　公分
ISBN 978-986-408-576-7（平裝）

1.服裝設計 2.人物畫 3.繪畫技法　423.2　109000068

出版	城邦文化事業股份有限公司・麥浩斯出版
	地址　104 台北市民生東路二段141號8樓
	電話　02-2500-7578
發行	英屬蓋曼群島商家庭傳媒股份有限公司城邦分公司
	地址　104 台北市民生東路二段141號2樓
	讀者服務電話　0800-020-299（9：30AM～12：00PM；01：30PM～05：00PM）
	讀者服務傳真　02-2517-0999
	讀者服務信箱　E-mail：csc@cite.com.tw
	劃撥帳號　19833516
	戶名　英屬蓋曼群島商家庭傳媒股份有限公司城邦分公司
香港發行	城邦〈香港〉出版集團有限公司
	地址　香港灣仔駱克道193號東超商業中心1樓
	電話　852-2508-6231
	傳真　852-2578-9337
馬新發行	城邦〈馬新〉出版集團Cite(M) Sdn. Bhd.(458372U)
	地址　41, Jalan Radin Anum, Bandar Baru Sri Petaling, 57000 Kuala Lumpur, Malaysia
	電話　603-90578822
	傳真　603-90576622
製版印刷	凱林印刷事業股份有限公司
總經銷	聯合發行股份有限公司
	地址　新北市新店區寶橋路235巷6弄6號2樓
	電話　02-2917-8022
	傳真　02-2915-6275
版次	初版 2 刷 2023 年 03 月
定價	新台幣 520 元　港幣 173 元

Printed in Taiwan